U0084922

精美復刻＋加料升級版

自己動手醃東西

365天醃菜、釀酒、做蜜餞

蔡全成 —— 著

健康營養、口味滿分的醃漬料理

現代人由於生活忙碌，飲食往往不正常，蔬菜不是吃得太油太鹹，就是營養因錯誤的烹調方式破壞殆盡，非常可惜。為了能保存營養，我特別介紹讀者做各種醃漬東西。由於醃漬料理在製作的過程中沒有經過加熱，可以完整的保留維他命C和鈣、鉀、鐵之類的礦物營養素，再加上食物本身就有的纖維，來幫助腸胃蠕動，吃醃漬料理，可以使身體更健康。

生長在這片土地上的植物是大自然賜予的恩惠，更是我們的最佳食物，拜交通便利和人工智慧之賜，即使現在我們不會因為是夏天就吃不到冬天盛產的白蘿蔔，但各種蔬菜還是有最盛產的季節，利用當令的蔬菜來醃漬，像冬天醃白蘿蔔、夏天做醬冬瓜、秋天做葡萄酒、春天醃脆梅，一年四季都有蔬菜瓜果可以醃，只要你肯自己做，不分何時都能吃到好味道。

此外，除了蔬菜瓜果可以醃漬，你還可以活用這些醃好的食材，與其他食材相結合，進一步烹調出各種變化菜色，像吃紅糟多單調，但做成紅糟肉、紅糟鰻魚就變得非常可口，而且還可以添加味噌、醋、醬油、酒釀、泡菜醬汁、豆腐乳醬汁或鹽，讓味道更加豐富。以此類推，充滿在我們生活中的台灣本產蔬果、海鮮和肉類等，都能這樣去做變化，醃漬一點都不難，食材也相當好準備。

本書推出之後，受到許多讀者的喜愛，同時也收到不少料理新手的詢問，希望我能教他們做一些簡單、省時，不需等太久就能品嘗的小菜。因此我趁著這次新版書籍的出版，加入了10道1小時～1天就能完成的醃漬蔬菜和根莖、瓜果，期望能滿足讀者們的需求。

一直以來，大家都認為醃漬食材是祖母時代的玩意，早就不吃了，其實醃漬料理非常適合現代人，尤其是吃慣了油炸、過度烹調食物的年輕人們更應嘗試，這些料理符合現在人重視的健康飲食觀念，是最流行的美味佳餚！

蔡全成

contents
【目錄】

Plus 美味倍增
一天內可食醃漬篇

用常見的蔬菜瓜果製作清爽口味的醃漬小菜。
每道菜只要 1 小時～ 1 天就能完成，
最即時的美味，和家人朋友共享！

咖哩風醋漬白花菜 108

油醋漬栗子南瓜秋葵 109

油漬烤蘑菇 110

七味粉油漬毛豆莢 111

油醋漬烤蕃茄 113

醬油醋漬炸櫛瓜 115

黃芥末醬油漬素揚茄子 116

油醋漬烤蘆筍西芹 117

油醋漬炭烤彩椒 119

柚子醬油醋漬黃瓜昆布 121

序──健康營養、口味滿分的醃漬料理 2

365 天醃好吃的東西 6

醃漬容器的選擇 7

醃漬的 Q & A 8

最基本的兩種醃漬 10

簡單好做醃漬篇

台式醃菜心 14

香辣大頭菜 15

醃蒜頭 16

糖醋漬洋蔥 17

醬油漬大頭菜 19

醃脆梅 21

醃鹹梅干 22

醃醋薑 23

豆腐乳醬汁醃嫩薑 24

醬油醃嫩薑 25

情人果 27

李子酒 29

醬冬瓜 31

味噌醃白蘿蔔 32

台灣啤酒醃蘿蔔 33

葡萄酒 35

白蘿蔔泡菜 36

酒釀 37

柴魚風味醬菜 38

昆布風味醬菜 39

台式泡菜 41

醋漬花椰菜 42

醃鳳梨 43

優格味噌醬菜 44

蜂蜜漬苦瓜 45

剝皮辣椒 47

醋漬紅蔥頭 48

醬油醋漬紅蔥頭 49

雪裡紅 50

醃酸豆 51

韓國蘿蔔泡菜 52

韓國白菜泡菜 53

醃白菜昆布 55

味噌醃起司 56

味噌醃豆腐 57

味噌醃蛋黃 58

生鹹蛋 59

味噌醃鱈魚 61

味噌醃鮮貝 62

鹹魚 63

味噌雞腿肉 64

薑漬醃豬肉 65

鹹豬肉 67

靈活應用醃漬篇

酸豆炒肉末 70

酒釀醃蘿蔔 71

豆腐乳黃瓜＋豆腐乳 72

鹹蛋苦瓜 73

梅干飯糰 75

醬筍蒸魚＋醬筍 77

醬冬瓜蒸魚 79

韓國蘿蔔泡菜拌章魚 80

紅糟醃鰻魚 81

鹹魚炒飯 83

鳳梨苦瓜雞 84

豆腐乳炸雞肉 85

泡菜炒鹹豬肉 87

剝皮辣椒涼拌豬肉 89

紅糟五花肉＋紅糟 90

鹹蛋青菜肉片湯 91

雪裡紅炒肉絲 93

梅酒 94

梅酒涼涼凍 95

梅酒沙瓦 97

李子酒 QQ 凍 98

李子酒沙瓦 99

情人果冰砂 101

梅醋 102

葡萄酒爽爽凍 103

酒釀蛋 104

酒釀湯圓 105

索引 122

閱讀本書食譜前

1. 本書中水、酒、醋和醬油等液體食材的量大致1小匙＝5c.c.或5克，1/2小匙＝2.5c.c.或2.5克，1大匙＝15c.c.或15克。

2. 為求視覺上的美觀，食譜照片中食物量可能稍多，讀者製作時仍以食譜中寫的材料量為主。

3. 本書多道食譜中有將食材放入洗衣機中脫去水分，是指先將食材放入紗布、麻布袋或網子裡，再放入洗衣機中脫水。

365天醃好吃的東西

不同的時間醃不同的食材，以下是建議你每個季節該醃什麼最適合，讓你一年四季愈醃愈快樂！

建議醃漬時間表

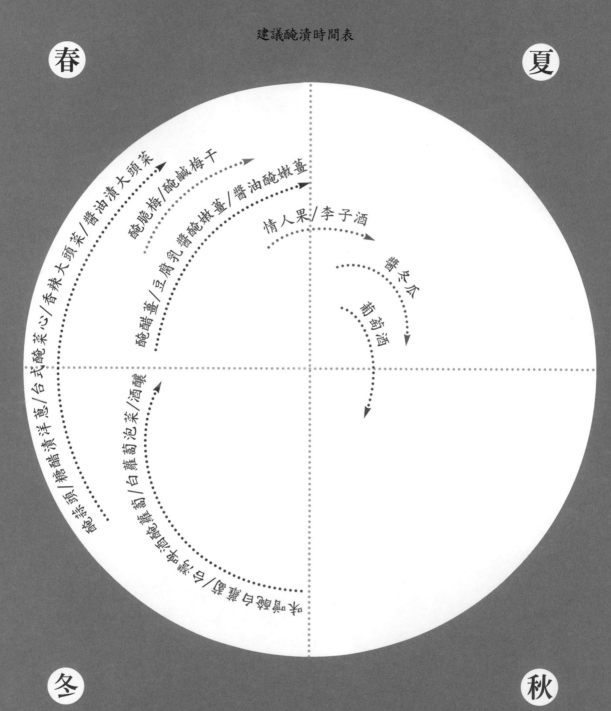

醃漬容器的選擇

　　醃漬容器的選擇非常重要，選了不適合的容器會有容器被侵蝕、醃好的小菜不易取出的情形發生，所以，慎選容器是醃漬成功的第一步。那麼到底應該選擇哪種容器才適合？瞭解6個小原則，就可幫助你輕鬆找到適合的容器：

1. 為免容器受酸侵蝕，最好選擇玻璃瓶、琺瑯鍋或陶鍋。
2. 選擇玻璃容器，可方便隨時察看食材的醃漬狀況。
3. 選擇口較寬的瓶子比較容易放取食材。
4. 如果醃的食材量少，可善加利用市售醬菜或果醬的空瓶。
5. 需要較長時間醃漬的東西需準備有蓋的密封容器。相反地，稍微醃漬一下的可選用無蓋容器。
6. 常見的玻璃醃漬容器有以下這幾種：
   寬口高瓶：瓶口較寬，瓶身夠長，適合釀酒類。
   寬口醬菜瓶：可善用吃完的泡菜瓶，適合醃帶醬汁的小菜。
   寬口密封瓶：可完全密封，適合醃帶醬汁的小菜或梅子、蜜餞等。
   寬口矮瓶：瓶身較短的小型容器，適合醃一下就可以食用的小菜。
   寬口泡菜瓶：可完全密封，瓶口也夠大，適合醃較大顆粒的東西，像梅子、李子等。
   窄口醬菜瓶：適合醃帶醬汁且量較少的小菜。
   窄口高瓶：瓶口較窄，瓶身夠長，適合醃酒類。

　　那麼，容器使用前該如何處理呢？首先，容器在使用前可以放入沸水中煮2～3分鐘消毒，然後放在通風處使其自然晾乾。但若容器的蓋子是塑膠製的，不可連同放入沸水中煮，只要以水清洗乾淨即可。

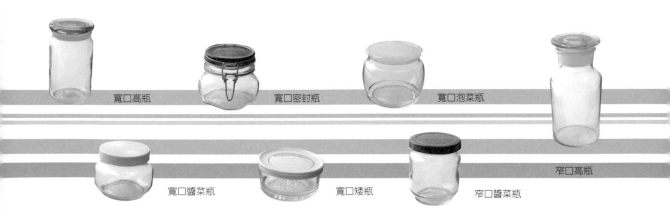

寬口高瓶　　寬口密封瓶　　寬口泡菜瓶　　窄口高瓶

寬口醬菜瓶　　寬口矮瓶　　窄口醬菜瓶

Q&A

醃漬的Q&A

　　第一次醃漬東西的人較容易面臨失敗，或者做出來的東西味道不夠，到底是哪裡出了問題？以下整理了幾個大家對醃漬東西時常出現的疑問，都是想醃東西的人一定會碰到的狀況，只要你事先弄清楚並做完善的準備，怎麼做怎麼成功！

Q 到底需加入多少鹽？

A：若希望醃漬的食材2～3天即可食用，可以稍微醃漬，鹽量以食材總重量的2%～5%為佳，但以身體健康為主要考量，3%是最佳的量。此外，如果只想靠加入鹽來延長食材的保存時間，最少需加入10%的鹽。

Q 要使用哪種鹽？

A：一般家庭所用的高級精鹽和粗鹽有極大差異，粗鹽因含有水分、礦物質和鹹水，可使蔬菜保存鹽分，醃漬出來的蔬菜才會軟中帶甜。

Q 蔬菜要怎麼切才好？

A：切愈細碎、愈小片愈好，這樣表面積就會增加，比起整顆、切大片或切半去醃漬，醃漬的速度較快。而像薑等纖維較粗硬的蔬菜，可以與纖維呈直角切薄片，或者沿著纖維切長條，吃起來較有嚼勁。

Q 需要使用哪種重物來壓食材？

A：將蔬菜放入容器後，需拿一塊約與材料等重或略比材料重一點的重物（最重不可超過食材總重量的2倍重），壓住材料將多餘的水分逼出。由於台灣沒有販賣專門醃漬東西的重物（日本叫「重石」），你可以將水裝入市售寫有重量的可密封塑膠袋裡，就成了最便利的重物了。

Q 如何使自製重物能平均壓到食材呢？

A：當你將食材放入較寬的容器後，取一個平盤反扣放在食材上，再將自製重物放在盤子上去壓食材就可以了。

Q 有些醃漬料理在製作過程中需完全擠乾水分，該如何徹底擠乾呢？

A：一般女性的手勁沒有這麼強，可以將食材先放入紗布、麻布袋子裡，再整袋丟入脫水機裡脫水，這樣水分才能完全瀝乾，否則殘存的水分將會影響成品的味道。

Q 既然是醃漬的料理，那食材還需要選新鮮的嗎？

A：雖說食材醃久了本來就會變色，無法維持原來的亮麗色澤，是否乾脆買較不新鮮的食材就好。但醃漬料理其實種類很廣，有些醃漬小菜只需醃短時間，或只和鹽醃漬一下就可以吃了，這時食材的新鮮度就變得非常重要。

　　利用味噌和醬油來醃漬食材，是做法最簡單、材料最易準備的醃漬方式了，這本食譜中也有許多道菜利用這兩種調味料來醃製，只要學會這兩種基本醃法，再動動腦筋變換醃漬食材，自己就可以做出數十種好菜。

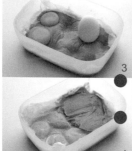

一、味噌的基本醃漬方法

味噌醃蛋黃（詳細材料、做法參照p.58）
做法：
1. 將所有材料準備好，放在桌面上。
2. 將味噌和鹽倒入容器中，以打蛋器將其拌勻開。
3. 將拌好的一半量的味噌倒入方型塑膠容器中，先鋪上一張廚房用擦紙巾，再用蛋在上面壓幾個蛋模，然後將蛋黃放入一個個壓好的膜中。
4. 再鋪上一張廚房用擦紙巾，輕輕倒入剩下的味噌。
5. 將味噌抹平即可。

Tips
1. 如果你臨時沒辦法準備紗布，可以用一般廚房用擦紙巾來取代，也可以達成同樣的效果。
2. 以不同種類的味噌做原料，醃出來的東西味道也有所差異，可以選擇自己喜歡的味噌來醃，而且可以添加如醬油、味醂等來調味。

二、醬油的基本醃漬方法

醬油漬大頭菜（詳細材料、做法參照p.19）
做法：

1. 將所有材料準備好，放在桌面上。
2. 將蔬菜料倒入容器中，續入鹽，使大頭菜、胡蘿蔔去掉苦水。
3. 將蔬菜料放入紗布中，以手用力將苦水擠乾，但注意不可將紗布擠破。
4. 將所有調味料倒入容器中並拌勻，然後放入蔬菜料。
5. 將整個食物換倒入玻璃容器中繼續醃漬即可。

Tips
記得在醃漬的過程中，必須將食材的水分完全擠乾，否則水分會稀釋掉醬油的味道，醃出來的成品會不夠味。

簡單好做
醃漬篇

食材容易取得，做法簡單的醃漬料理，
無論搭配清粥、白飯或當成下酒菜、宵夜、零食，都一樣好吃，
想像冬天醃白蘿蔔、夏天做醬冬瓜、秋天釀葡萄酒、春天醃脆梅，
最簡單的醃漬料理，你一定學得會！

* * * * * * * * * * * * * * * * * *

台式醃菜心

* * * * * * * * * * * * * * * * * *

材料：
芥菜心300克、鹽10克、辣椒1支、蒜頭2顆
調味料：
鹽2.5克、香油30c.c.

做法

1. 菜心先洗乾淨再削去外皮，切成適當的大小，
   放入容器中，撒入鹽醃漬去苦水，然後取出瀝
   乾水分。

2. 辣椒去籽切末。蒜頭切末。

3. 將菜心、辣椒末、蒜末放入鋼盆中，續入調味
   料稍微拌勻即可。

香辣大頭菜

材料：大頭菜600克、胡蘿蔔50克、鹽10克、蒜頭3顆、辣椒2支
調味料：鹽5克、柴魚精2.5克、辣油5c.c.、香油15c.c.、胡椒粉少許

做法

1. 大頭菜先洗乾淨再削去外皮，切成約一口大小的滾刀塊。

2. 胡蘿蔔削去外皮，切成和大頭菜同樣的大小、形狀。

3. 將大頭菜、胡蘿蔔放進容器中，撒上鹽充分拌勻，使大頭菜、胡蘿蔔脫去水分，約2個小時中要不定時攪拌一下。

4. 將大頭菜、胡蘿蔔取出瀝乾水分。蒜頭去皮拍碎後再剁幾下。辣椒切片。

5. 將蒜頭、辣椒放入容器中，續入大頭菜、胡蘿蔔，倒入調味料拌勻，醃漬約1個小時即可。

季節：冬春之間
你怎麼也想不到，外表看來平凡無奇的大頭菜，竟也能成為拿手小菜！

Tips
菜心、小黃瓜、去皮大黃瓜和白蘿蔔等都很適合用這種方法來做。

季節：冬末春初
冬末春初的嚴寒時刻，來點辛辣的蒜頭，
讓身體暖和起來。

Tips

1 陳年醬油在便利商店或超市就有得買，味道較一般醬油來得濃。

2 這道蒜頭至少需醃2個月，調味料的味道才能滲入蒜頭裡，但若不急著吃，醃上半年味道會更棒！是極佳的下酒菜。

****

醃蒜頭

****

材料：整顆的蒜頭600克

醃料：陳年醬油800c.c.、米酒300c.c.
味醂300c.c.

做法

1. 整顆的蒜頭去掉外層老皮和蒂頭，以水沖洗，去掉泥沙後再晾乾。

2. 玻璃容器以水清洗後再徹底擦乾，將蒜頭輕輕的疊放入容器中，倒入醬油、米酒和味醂，蓋上蓋子密封起來放在陰涼處，醃約2個月，味道就能滲入蒜頭。

Tips
洋蔥可以放入水中泡來去掉辛辣味。

季節：冬末春初
常使人掉眼淚的洋蔥，加了點糖和醋，
酸酸甜甜好滋味。

＊＊＊＊＊＊＊＊＊＊＊＊＊＊＊＊
糖醋漬洋蔥
＊＊＊＊＊＊＊＊＊＊＊＊＊＊＊＊

材料：洋蔥1顆（約300克）、鹽20c.c.、水400c.c.
醃料：糖135克、白醋300c.c.、水100c.c.

做法

1. 洋蔥先洗淨，去掉外皮和頭尾，對切半後再分別切成
   6塊，共12塊，然後再一片片拔開。

2. 將鹽和清水倒入容器中，放入洋蔥去辛味，約泡24個
   小時，取出瀝乾水分。

3. 將醃料倒入小鍋中煮沸，然後放涼。

4. 將洋蔥放入醃料中泡約12個小時後即可食用。

做法

1. 大頭菜先削去外皮，切成2公分的方塊。胡蘿蔔切方片。

2. 將大頭菜、胡蘿蔔放進鋼盆中，撒上鹽充分拌匀，使大頭菜、胡蘿蔔脫去水分，約2個小時中要不定時攪拌一下。

3. 將大頭菜、胡蘿蔔放入洗衣機中將水分脫乾。

4. 將鹽、醬油、醋和糖倒入鋼盆中攪拌均匀，續入大頭菜、胡蘿蔔，倒入香油，用筷子或湯匙稍微攪動，醃漬約2個小時即可。

季節：冬春之間
吃起來清脆爽口的大頭菜是早餐配粥、晚餐配飯，更是最佳的下酒菜。

＊＊＊＊＊＊＊＊＊＊＊＊＊＊＊＊＊

醬油漬大頭菜

＊＊＊＊＊＊＊＊＊＊＊＊＊＊＊＊＊

材料：
大頭菜200克、胡蘿蔔50克、
薑片10克、乾辣椒2支、鹽2.5克

醃料：
鹽5克、醬油90c.c.、醋150c.c.、
香油15 c.c.、糖2.5克

Tips

❶ 大頭菜要脫乾水分的再放入醬油裡醃漬，比較不會因食材本身出水而使味道變淡。

❷ 將大頭菜、胡蘿蔔放入洗衣機中脫水，是需先將材料放入紗布、麻布袋或網子裡，再放入洗衣機脫水。

做法

1. 先用牙籤去掉梅子蒂頭的部分，再將梅子和鹽搓揉破壞梅子表皮，輕拍梅子使其破裂。
2. 將梅子、鹽放入桶中，倒入清水，水需要醃過梅子，浸泡8～12個小時。
3. 泡好的梅子放在水龍頭下，開小水漂水6個小時去鹹和澀味，再將漂好的梅子放入洗衣機中脫水5分鐘。
4. 將600克糖、水900c.c.放入鍋中煮沸，待涼後放入脫了水的梅子，醃約1天。
5. 將600克糖、1200c.c.水放入另一新鍋煮沸，然後放涼。將做法4.的梅子撈出放入洗衣機中脫水5分鐘，取出後再放入新糖汁裡醃1天。
6. 將1200克糖、1500c.c.水放入另一新鍋煮沸，然後放涼。將做法5.的梅子撈出不脫水直接放入新糖汁裡醃2天，放入冰箱中冷藏即可。

季節：春

光看就覺得很酸的梅子，只要加入糖醃一陣子，馬上就成了全家最愛的零食小點心。

＊＊＊＊＊＊＊＊＊＊＊＊＊＊＊＊

醃脆梅

＊＊＊＊＊＊＊＊＊＊＊＊＊＊＊＊

材料：

青梅（5～6分熟）3000克、糖2400克、鹽300克

Tips

1 醃漬過程中如遇到梅子發酵，只要將原本的醃漬糖汁倒掉，再重新以600克糖、900c.c.水煮成新糖汁，放入梅子浸泡，送入冰箱冷藏就可以了。
2 梅子在清明節前可以買到，傳統市場就有販售整袋的，想做的人可以留意一下。
3 梅子是對身體健康不錯的食物，具有強肝、整腸、幫助消除疲勞、恢復體力的優點。

****

醃鹹梅干

****

材料：梅子1,000克、鹽200克
醃料：細冰糖50克、燒酎或米酒少許

做法

1. 梅子洗淨後，用牙籤去掉蒂頭的部分，以乾淨毛巾吸拭水分。

2. 先將1/3量的梅子、鹽放入塑膠桶中充分拌勻，平均撒上一層梅子，再撒一層鹽，
   重複一層梅子一層鹽，至材料全部放入。

3. 蓋上一條乾淨的布，續放一塊板子壓著，上面再放2公斤的重物壓，醃漬約30天。

4. 將醃漬好的梅子取出，放在太陽下曬約3天。

5. 玻璃容器中先倒入米酒或燒酎消毒過然後倒掉，放入梅子再撒入細冰糖，醃約1個
   月即可。

Tips
醃好的鹹梅干味道較鹹，只要一顆就可以搭配清粥或白飯，而炎熱的夏季裡，也可以搭配其他食材做菜，可有效促進食慾。

好菜運用：p.75梅干飯糰

* * * * * * * * * * * * * * *

醃醋薑

* * * * * * * * * * * * * * *

材料：嫩薑300克、鹽少許
醃料：水600c.c.、白醋180c.c.、糖90克、鹽2.5克

做法
1. 嫩薑先洗淨，削去外皮後切成薄片。
2. 準備一鍋熱水，放入嫩薑片迅速汆燙，倒入篩網瀝乾水分，
   再撒少許鹽，置於一旁放涼。
3. 將醃料放入一小鍋中煮沸，待涼再放入嫩薑片醃約1天即可。

好菜運用：p.75梅干飯糰

季節：春末
怕薑味太嗆鼻嗎？別擔心，加入醋去醃，
味道立刻變得清淡可口。

Tips
這道菜一定要選嫩薑來
做才會好吃，用其他的
薑做則會影響口感。

* * * * * * * * * * * * * * * * * *

豆腐乳醬汁醃嫩薑

* * * * * * * * * * * * * * * * * *

材料：嫩薑600克、鹽12克
醃料：豆腐乳醬汁500c.c.

做法

1. 嫩薑清洗乾淨，以小刀將嫩薑的表皮去掉，撒入鹽醃漬去苦水，約持續醃一天一夜，期間要不時翻動，使薑全部都醃漬到。

2. 將醃漬薑滲出的苦水倒掉，再把薑放入洗衣機裡脫乾水分。

3. 把薑放入玻璃容器中，倒入豆腐乳醬汁，取一雙乾淨沒有水分的筷子翻動一下，使嫩薑完全浸泡在裡面，約1個月即可入味。

Tips
吃豆腐乳時，常會留下一些豆腐乳醬汁，拿這些剩下來的醬汁來醃嫩薑是最恰當的喔！完全不浪費。

Tips
如果喜歡薑的辣味，
也可以直接泡，省去
去苦水的步驟。

做法

1. 嫩薑清洗乾淨，切滾刀塊，撒入鹽醃出苦水，
   持續醃6個小時，期間要不時翻動，使薑全部都
   醃漬到。

2. 將醃漬薑滲出的苦水倒掉，再把薑放入洗衣機
   裡脫乾水分。

3. 把薑放入玻璃容器中，倒入醃料，密封醃漬3天
   即可。

季節：春末
拿萬用調味料醬油來醃食材，是最簡單的醃漬方法，
你一定學得會。

* * * * * * * * * * * * * * * * * *

醬油醃嫩薑

* * * * * * * * * * * * * * * * * *

材料：嫩薑600克、鹽15克
醃料：醬油250c.c.、米酒80c.c.、味醂30c.c.

做法

1. 芒果先洗淨，削去外皮，對半剖開去掉種籽，切成適當大小的塊狀或長條狀。
2. 將白糖200克和芒果塊拌勻後放入保鮮袋中，袋口密封，放入冰箱冷藏1天。
3. 從冰箱取出芒果，將湯汁倒出，續入白糖120克拌均勻芒果，繼續放入保鮮袋中，袋口密封，再次放入冰箱冷藏1天即可。

季節：春夏之間

吃一口情人果，就像品嚐戀愛中的少男少女的酸甜滋味，令人回味再三！

＊＊＊＊＊＊＊＊＊＊＊＊＊＊＊＊

情人果

＊＊＊＊＊＊＊＊＊＊＊＊＊＊＊＊

材料：

青芒果600克、白糖200克（第一次拌芒果塊用）、白糖120克（第二次拌芒果塊用）

Tips

1. 醃好的芒果顏色愈青愈好，所以最好用白糖醃漬，做好的芒果才會翠綠。
2. 醃漬芒果時和醃好後的保存一定要密封，才能保鮮及延長保存期限。
3. 一次可以做大量的情人果，然後放在冰箱冷凍庫保存，情人果汁液也會凝固成像冰砂狀，可以吃一整個夏天。

好菜運用：p.101情人果冰砂

季節：春夏之間
春夏時節來一杯李子酒吧！喝點自己釀的傳統酒，
口味絕不輸外面賣的酒。

＊＊＊＊＊＊＊＊＊＊＊＊＊＊＊＊＊

李子酒

＊＊＊＊＊＊＊＊＊＊＊＊＊＊＊＊＊

材料：
紅肉李1,000克、冰糖350克、
高粱酒2,700c.c.

做法

1. 將紅肉李先洗淨，瀝乾水分再風乾。

2. 用牙籤在紅肉李表面戳幾個洞以加速酒的熟成。

3. 將紅肉李、冰糖一層一層的放入玻璃容器中，倒入高粱酒，密封起來後放在陰涼處浸泡6個月即可。

Tips

① 最好是選器玻璃容器，而且使用前要擦乾，不能有水分。

② 李子在5月的時候較容易買到。

③ 如何做醃李子：準備稍微熟的紅肉李1,000克、話梅數顆、二砂適量和冷開水適量。先拿刀在紅肉李上畫十字刻痕，再稍微壓一下，然後放入容器中，續入話梅再倒入冷開水泡，封上保鮮膜，送入冰箱冷藏約2、3天，取出時再依個人口味加入二砂即可。

好菜運用：p.98李子酒QQ凍、p.99李子酒沙瓦

做法

1. 冬瓜先削去外皮，切3公分的塊狀，然後放入鋼盆中。均勻的撒入鹽，醃漬一晚，使冬瓜退出苦水，瀝乾水分。

2. 將豆粕、鹽和糖拌勻，即成拌料。

3. 將冬瓜塊先鋪放一層在玻璃容器中，再平均撒上一層拌料，重複一層冬瓜一層拌料的方式疊放至材料全部放入，續入甘草，倒入米酒後密封起來，放在陰暗處醃漬2個月即可。

Tips

豆粕就是乾豆豉，可在雜貨店或菜市場買到。

好菜運用：p.79醬冬瓜蒸魚

季節：夏

口味重鹹的醬冬瓜最適合搭配白飯一塊吃，
缺乏食慾時來點準沒錯。

* * * * * * * * * * * * * * *

醬冬瓜

* * * * * * * * * * * * * * *

材料：

冬瓜1,000克、鹽80克、
米酒50c.c.、甘草4片

拌料：

豆粕80克、鹽30克、米酒50c.c.、
咖啡用紅糖5克

季節：冬
味噌除了煮湯外，
拿來醃東西更是不可言喻的美味。

味噌醃白蘿蔔

＊＊＊＊＊＊＊＊＊＊＊＊＊＊＊＊＊＊

材料：白蘿蔔600克、牛蒡1支、胡蘿蔔1條、竹筍1支、蒜頭8顆、鹽10克
醃料：味噌1,000克、米酒200c.c.、味醂150c.c.、糖50克

做法

1. 白蘿蔔洗淨後切成4個長條塊狀，牛蒡去外皮切4公分長段，胡蘿蔔洗淨，竹筍去外殼煮熟置涼，蒜去外皮，再將全部放入容器中，倒入鹽醃漬，上面需放一個約2公斤的重物來壓，使多餘的水分被逼出，味噌才容易漬入，醃約一天一夜再將苦水倒出。

2. 將白蘿蔔放入洗衣機中將水分脫乾。

3. 將醃料放入鋼盆中攪拌均勻，續入白蘿蔔，用手稍微攪拌一下再放入保鮮盒中，醃約一個星期。

4. 取出醃好的白蘿蔔食用時，先用紙巾把味噌擦掉再切小塊即可。

Tips

❶ 日本人在醃味噌時都是上下層用味噌蓋著，中間鋪一張紗布，再放入要醃的材料，但若要醃漬的材料量不多，會很浪費味噌，所以教讀者用上述的方法來醃。另外，還有一種方法，就是將材料和味噌直接放入保鮮盒中，是最能節省味噌的醃法。

❷ 製作有些醬菜時會需要以重物來壓，找不到重物怎麼辦？其實，你可以準備一般市售寫有重量的塑膠袋，倒滿水再密封起來，就是最簡單的重物啦！

台灣啤酒醃蘿蔔

材料：白蘿蔔600克、鹽10克、辣椒少許
醃料：台灣啤酒250c.c.、鹽5克、白醋
　　　100c.c.、糖30克

季節：冬
台灣啤酒不是只能喝嗎？拿來醃白蘿蔔，
這你可就沒試過了吧！

做法

1. 白蘿蔔削去外皮，切成1公分厚的半圓形片，然後放入鋼盆中，撒些鹽，稍微醃漬去苦水，倒完苦水後再徹底擦乾。
2. 將醃料倒入鋼盆中，用打蛋器輕輕攪拌，使糖溶解。
3. 將白蘿蔔和醃料放入容器中，醃約一個晚上。
4. 食用時可再放一些辣椒末即可。

做法

1. 葡萄先洗淨，風乾水分，再一粒粒放入玻璃罐內，重複一層葡萄一層冰糖的方式疊放至葡萄全部放入。

2. 倒入高粱酒後再密封起來，約半個月葡萄就會出汁發酵，3個月後葡萄完全沉至底即可食用。

Tips

釀葡萄酒時，要用軟的蓋子密封，而且要預留空間，避免發酵爆瓶，最後再放置在陰暗處。

好菜運用：p.103葡萄酒爽爽凍

季節：夏末至秋初

喝慣了國外進口的葡萄酒，
你是否也想來點自己製作且與眾不同的酒？

＊＊＊＊＊＊＊＊＊＊＊＊＊＊＊＊＊＊

葡萄酒

＊＊＊＊＊＊＊＊＊＊＊＊＊＊＊＊＊＊

材料：
紅葡萄3,000克、冰糖750克、
高粱酒500c.c.

＊＊＊＊＊＊＊＊＊＊＊＊＊＊＊＊＊

白蘿蔔泡菜

＊＊＊＊＊＊＊＊＊＊＊＊＊＊＊＊＊

材料：白蘿蔔300克、胡蘿蔔30克、鹽5克
醃料：白醋120c.c.、糖60克、鹽5克

做法

1. 白蘿蔔和胡蘿蔔都削去外皮保持圓狀，然後直接切成約0.1～0.2公分厚的圓薄片。
2. 將白蘿蔔和胡蘿蔔放入鋼盆中，撒入鹽攪拌使其出水，倒掉水後再醃約30分鐘。
3. 將白蘿蔔和胡蘿蔔放入洗衣機中將水分脫乾。
4. 將醃料放入鋼盆中攪拌均勻，續入白蘿蔔和胡蘿蔔，用手稍微攪拌一下再放入玻璃容器中，醃約1天即可。

Tips

除了白蘿蔔外，也可以用大頭菜、高麗菜菜心來做，做法差不多，也都很好吃。

Tips
白麴可以在一般專賣南北貨的店買到。

做法
1. 圓糯米先放入水中浸泡約1個小時。
2. 圓糯米和1,300c.c.水放入電子鍋中煮熟，撈
   起以冷開水沖涼，瀝乾水分。
3. 將白麴碾碎，倒入圓糯米中拌一下，放入容
   器中，中間挖一個凹洞使發酵的汁液可流
   下，約5天可製成。
4. 製成後可放入冰箱保存，以便隨時取用。

好菜運用：p.71酒釀醃蘿蔔、p.104酒釀蛋、p.105酒釀湯圓

季節：冬
寒冷的冬天裡，來碗可暖和脾胃的酒釀，
身體彷彿灑上一片冬陽。

＊＊＊＊＊＊＊＊＊＊＊＊＊＊＊＊＊＊＊

酒釀

＊＊＊＊＊＊＊＊＊＊＊＊＊＊＊＊＊＊＊

材料：圓糯米1200克、白麴1/2個

柴魚高湯的鮮甜，
拿來醃東西最適合不過了！

＊＊＊＊＊＊＊＊＊＊＊＊＊＊＊＊＊＊

柴魚風味醬菜

＊＊＊＊＊＊＊＊＊＊＊＊＊＊＊＊＊＊

材料：白蘿蔔100克、小黃瓜100克、胡蘿蔔100克、大黃瓜100克、柴魚片少許
醃料：柴魚高湯600c.c.、柴魚精25克、鹽10克

做法

1. 白蘿蔔、胡蘿蔔和大黃瓜削去外皮，切成4長條狀，再切成1公分厚的塊狀。
   小黃瓜直接切1公分厚圓片。
2. 將醃料放入鍋中，煮沸後放涼。
3. 將白蘿蔔、胡蘿蔔、大黃瓜、小黃瓜和醃料放入密封袋，醃約6個小時即可。
4. 食用時可撒些柴魚片。

Tips

❶ 最簡單的柴魚高湯製作法是，用600c.c.的水加上適量柴魚高湯塊即可調出。
❷ 醃好的味道取決於醃的時間，拉長醃的時間，製作出來的成品口味較重。
❸ 用密封袋的好處，是可以使醃料湯汁完全浸泡到材料。

****

昆布風味醬菜

****

材料：白蘿蔔100克、小黃瓜100克、胡蘿蔔100克、大黃瓜100克、
　　　昆布20公分長1張、水600c.c.、鹽30克

做法
1. 昆布先用濕布擦乾淨。

2. 將600c.c.水和昆布放入鍋中，以中火慢慢煮至滾，待昆布漲
　　大後再改用小火煮5分鐘，使昆布味充分溶入湯汁中，然後取
　　出昆布加入鹽，即成昆布汁。

3. 白蘿蔔、小黃瓜、胡蘿蔔和大黃瓜洗淨後切成易入口的大
　　小，昆布切細條。

4. 待昆布汁放涼後，放入白蘿蔔、小黃瓜、胡蘿蔔、大黃瓜和
　　昆布醃，醃約6個小時即可。

日本人最喜歡用昆布來醃食材了，愛看日劇的你，
要不要來點昆布風味醬菜？

做法

1. 高麗菜切適當大小，然後洗淨瀝乾水分。胡蘿蔔切適當大小的片狀。辣椒切斜段。
2. 將醃料放入鋼盆中攪拌均勻，使糖完全溶解。
3. 將高麗菜、胡蘿蔔、辣椒放入醃料中拌勻，然後連同醃料一起倒入其他容器中醃約1個小時，需稍微搖動使蔬菜料充分泡到醃料。過一會再一次攪拌並稍微搖動蔬菜料，再醃約1天即可。

好菜運用：p.87泡菜炒鹹豬肉

吃臭豆腐絕不能缺少什麼？沒錯，就是這碗泡菜啦！

* * * * * * * * * * * * * * *

台式泡菜

* * * * * * * * * * * * * * *

材料：
高麗菜800克、胡蘿蔔50克、辣椒3支

醃料：
白醋400.c.、糖300克、鹽50克

花椰菜除了炒還能怎麼吃？用醋來醃嘛，
這可是新奇的歐式製作法！

醋漬花椰菜

材料：白花菜200克、綠花椰菜200克、鹽5克、乾辣椒1支
醃料：醋250c.c.、水300c.c.、味醂100c.c.、糖45～60克、鹽2.5克

做法

1. 白花菜和綠花椰菜先切成適當大小後洗淨。

2. 準備一鍋熱水，放入鹽，續入白花菜和綠花椰菜汆燙，接著放進冰水冰鎮，取出瀝乾水分。

3. 將醃料倒入鍋中煮沸再放涼。

4. 將白花菜、綠花椰菜和乾辣椒放入容器中，倒入醃料醃漬約一晚即可。

Tips

白花菜和綠花椰菜的菜心也可以一起放入醃漬，可先去掉外皮，再和花椰菜一起處理即可。

Tips
1. 要選適當太小的罐子，千萬不要因容器過小而將鳳梨硬擠入，否則鳳梨會生水，最後則會溢出容器。如果真找不到適當的罐子，也可以分成數個小罐子來醃。
2. 豆粕類似乾的豆豉，可以在雜貨店或迪化街買到。

好菜運用：p.84鳳梨苦瓜雞

做法

1. 將鳳梨切成4份，去掉中間的硬芯，再切成1公分的厚片。

2. 將豆粕、鹽和糖拌勻，即成拌料。

3. 將鳳梨片先鋪放一層在玻璃容器中，再平均撒上一層拌料，重複一層鳳梨一層拌料的方式疊放至材料全部放入，續入甘草，倒入米酒後密封起來，放在陰暗處醃漬2個月即可。

醃鳳梨味道鹹得很，可別以為他只是水果，一片下肚就必須喝不少白開水！

* * * * * * * * * * * * * * * * * *

醃鳳梨

* * * * * * * * * * * * * * * * * *

材料：去皮鳳梨600克、甘草3片、米酒100c.c.
拌料：豆粕50克、鹽80克、糖40克

有沒有搞錯呀！優格也能拿來做醬菜！
不過，這優格醬菜可好吃呢！

****

優格味噌醬菜

****

材料：西芹120克、白蘿蔔400克、小黃瓜120克、鹽5克
醃料：味噌100克、市售原味優格100c.c.

做法

1. 先用刀將西芹粗筋切掉，然後切2公分長段。小黃瓜、白蘿蔔切4公分的長
   條狀，撒入鹽醃30分鐘使出苦水，再瀝乾水分。

2. 醃料放入鋼盆中攪拌均勻後倒入保鮮袋中，再將西芹、小黃瓜、白蘿蔔放
   入密封袋中，送入冰箱醃漬一晚即可。

Tips
這道菜完成後要食用時，可以不清洗掉味噌，直接吃就可以了。

做法

1. 苦瓜切對半，去掉籽和膜，切成易入口的大小。

2. 將400c.c.水、鹽20克倒入鋼盆攪拌均勻，再連同苦瓜一起倒入密封袋中，醃約一個晚上去苦水。

3. 將醃料放入另一鍋中煮沸，然後放涼。

4. 苦瓜瀝乾水分，再放入醃料中醃約一個晚上即可。

苦瓜泡在冰冰涼涼的蜂蜜水裡，苦味被蜂蜜味取代，是夏天的退火小點心。

* * * * * * * * * * * * * * * *

蜂蜜漬苦瓜

* * * * * * * * * * * * * * * * *

材料：苦瓜500克、鹽20克、水400c.c.

醃料：蜂蜜160克、白醋200c.c、水100c.c.、糖60克

做法

1. 青、紅辣椒先洗淨，切去蒂頭的部位，再剖開用刀背刮去辣椒籽。
2. 將醃料倒入鍋中煮沸，然後放涼。
3. 將青、紅辣椒放入約160°C的油鍋中炸至外皮起泡，撈出放涼後再剝除外皮。
4. 將剝皮辣椒放入玻璃容器或罐子中，倒入醃料醃約3天即可食用。

Tips
如果不敢吃太辣，可以在辣椒炸好去皮後再剖開去掉辣椒籽，這樣吃起來就不會那麼辣了！

好菜運用：p.89剝皮辣椒涼拌豬肉

辣椒很辣，剝了皮的辣椒更是辣得不得了，
不相信，吃一口就永生難忘。

＊＊＊＊＊＊＊＊＊＊＊＊＊＊＊＊＊

剝皮辣椒

＊＊＊＊＊＊＊＊＊＊＊＊＊＊＊＊＊

材料：
青辣椒600克、紅辣椒600克、太白粉100克

醃料：
醬油250c.c.、米酒80c.c.、味醂30c.c.

一直以為紅蔥頭只能增添菜的香味，沒想到醃漬後直接吃，也是道美味小菜。

****

醋漬紅蔥頭

****

材料：紅蔥頭300克、鹽15克、水300c.c.
醃料：白醋300c.c.、糖100克、水100c.c.、鹽10克

做法

1. 紅蔥頭先洗淨，去頭尾後剖去外皮。

2. 將鹽、水放入玻璃容器中拌勻，續入紅蔥頭醃約2天去辛辣味。

3. 將醃料放入鍋中煮沸，待涼後放入紅蔥頭，醃約2天即可食用。

Tips
紅蔥頭去辛辣味的步驟不一定非
要醃到2天，可依照自己的喜好
做調整，縮短或延長時間。

****

醬油醋漬紅蔥頭

****

材料：紅蔥頭300克、鹽15克、水300c.c.
醃料：醬油90c.c.、白醋180c.c.、水50c.c.、糖10克、香油少許

做法

1. 紅蔥頭先洗淨，去頭尾後剖去外皮。準備一個容器放入鹽、水攪拌均勻，續入紅蔥頭醃漬約2天去辛辣味。

2. 鍋中倒入醬油、醋、水和糖煮沸，置於一旁放涼，加些香油。

3. 將放冷的醃料和紅蔥頭放入容器中，送入冰箱醃約2天即可食用。

以醬油和醋來醃漬紅蔥頭，嗆味十足，是爸爸最愛的下酒菜。

****

雪裡紅

****

材料：小芥菜600克、鹽100克、水500c.c.

做法

1. 小芥菜清洗乾淨。

2. 將鹽加入水中調成鹽水。

3. 將鹽水、小芥菜放入容器中醃，鹽水需超過小芥菜，醃約2個小時。

4. 取出小芥菜，稍微揉搓使菜變軟，再徹底擠乾水分即可。

好菜運用：p.93雪裡紅炒肉絲

****
醃酸豆
****

材料：長江豆300克

醃料：花椒2.5克、鹽10克、辣椒2支、米酒5c.c.、糖5克

做法

1. 將鹽水煮沸，放入長江豆，煮至長江豆熟，撈起瀝乾放涼。

2. 將醃料、冷開水放入有蓋容器中，續入長江豆，醃料水需醃過長江豆。

3. 封好蓋子後，放於陰涼處4～5天即可。

Tips

長江豆就是豆角，菜市場或超市可以買得到。

好菜運用：p.70酸豆炒肉末

麵攤賣的小菜也能在家自己做，而且可以大量製作，要吃多少有多少。

韓國泡菜最有名，你不妨買齊材料自己做，吃看看是否真有韓國味。

韓國蘿蔔泡菜

材料：白蘿蔔1,000克、鹽10克、韭菜30克、胡蘿蔔20克
醃料：洋蔥泥100克、蘋果100克、蒜泥5克、韓式魚露15c.c.、辣
椒粉45克、鹽2.5克、糖2.5克、柴魚精5克

做法

1. 白蘿蔔削去外皮切成塊狀，然後放入鋼盆，倒入鹽醃漬去苦水，
   取出擠乾水分。洋蔥、蘋果磨成泥。

2. 韭菜切3公分長段。胡蘿蔔切3公分粗條。

3. 將醃料放入鋼盆中攪拌均勻，續入韭菜、胡蘿蔔拌勻。

4. 放入白蘿蔔拌勻。

5. 醃約半天即可。

好菜運用：p.80韓國蘿蔔泡菜拌章魚

韓國白菜泡菜

材料：白菜2,000克、韭菜50克、胡蘿蔔100克、白蘿蔔100克
醃料：洋蔥100克、蘋果150克、蒜頭5克、韓式魚露30c.c.、
　　　辣椒粉75克、鹽5克、糖5克、柴魚精15克

白菜泡菜是最傳統的泡菜，
同樣也是最久吃不膩的美味料理。

做法
1. 白菜切適當大小後放入容器中，撒入鹽醃漬去苦水，約需6個小時，瀝乾水分。
2. 韭菜切3公分長段。胡蘿蔔和白蘿蔔切3公分長的粗條。洋蔥、蘋果磨成泥。
3. 將醃料放入鋼盆中攪拌均勻，續入韭菜、白蘿蔔和胡蘿蔔再拌均勻。
4. 續入白菜與其他材料一起拌勻醃漬，再送入冰箱冷藏約2天即可。

做法

1. 白菜切成易入口大小。昆布切3公分長條。

2. 將白菜、昆布放入鋼盆，倒入鹽醃漬去苦水，再取出擠乾水分。

3. 將醃料放入鋼盆攪拌均勻，續入白菜、昆布，醃約1個小時，使白菜入味即可。

Tips

❶ 醃白菜昆布這道菜是屬於日式泡菜的口味，吃起來甘甜而不辣。

❷ 喜歡吃辣的人，吃的時候可以另外加入辣椒粉，增加辛辣味。

醃白菜昆布是最日式的泡菜，一口泡菜一口清酒，什麼煩惱全沒了。

＊＊＊＊＊＊＊＊＊＊＊＊＊＊＊＊＊

醃白菜昆布

＊＊＊＊＊＊＊＊＊＊＊＊＊＊＊＊＊

材料：
白菜400克、昆布20克、鹽15克

醃料：
鹽5克、柴魚精5克、糖少許、米酒適量

味噌好吃，起司也不錯，
但將兩樣東西搭在一起你鐵定沒吃過，
不知這是哪一國的吃法？
別管，先吃了再說。

* * * * * * * * * * * * * * * * *

味噌醃起司

* * * * * * * * * * * * * * * * * *

奶油起司（Cream chees）150克
醃料：味噌50克、米酒50c.c.、味醂 50c.c.、紅味噌150克、糖5克

做法

1. 將醃料放入鋼盆中攪拌均勻。

2. 取一乾淨的保鮮盒，先放入一半的醃料，鋪上一張比保鮮盒大2倍的紗布，紗布
   只鋪一半，另一半待會要回蓋在起司上。

3. 放入整塊起司，蓋上另一半紗布，倒入剩下的醃料。

4. 蓋上蓋子，放入冰箱冷藏約1個月即可。

Tips

❶ 奶油起司在大一點的超市買得到，一般常見的是長條狀的包裝，質地相當柔軟，自然散發濃濃的奶香。

❷ 也可以將起司切小塊一點再放入醃漬，可以縮短醃的時間。

Tips
❶ 在選用保鮮盒時，儘量挑選和食材份量、大小差不多的，才能使味噌完全包漬食材。

❷ 這道味噌醃豆腐也可以醃久一點，醃半年或1年，吃起來口感更像豆腐乳。

* * * * * * * * * * * * * * * * * *

味噌醃豆腐

* * * * * * * * * * * * * * * * * *

一塊塊的豆腐放入味噌、清酒裡面醃，味道香香濃濃，今晚的餐桌絕對少不了他。

材料：板豆腐2塊

醃料：紅味噌300克、味噌600克、清酒 80c.c.、味醂80c.c.、糖20克

做法

1. 將豆腐放入容器中，上面需放一個約1公斤的重物來壓，壓去多餘水分，要壓得平均，才不會使豆腐變形或水分壓得不平均，壓4～6個小時。

2. 將醃料放入鋼盆中攪拌均勻。

3. 取一乾淨的保鮮盒，先放入一半的醃料，舖上一張比保鮮盒大2倍的紗布，紗布只舖一半，另一半待會要回蓋在豆腐上。

4. 放入壓好的豆腐，蓋上另一半紗布，倒入剩下的醃料，醃約5～7天入味即可。

5. 食用時，可將豆腐切成1公分的厚度，放入烤箱烤至外表焦黃後或直接切來吃即可。

媽媽不用怕家中有人拒吃蛋黃而浪費啦，
將味噌拿來醃蛋黃，
換種吃法，說不定還能吸引不少人。

* * * * * * * * * * * * * * * * * *

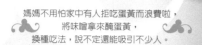

味噌醃蛋黃

* * * * * * * * * * * * * * * * * *

材料：生蛋黃8顆
醃料：味噌500克、米酒100c.c.、味酥100c.c.、糖10克

做法

1. 將醃料放入鋼盆中攪拌均勻。

2. 取一乾淨的保鮮盒，先放入一半的醃料，舖上一張比保鮮盒大2倍的紗布，紗布只舖一半，
   另一半待會會要回蓋在蛋黃上。

3. 在紗布上用蛋壓出一個個可以放入蛋黃的坑洞。

4. 將蛋打破，取出蛋黃直接放在剛才壓好的坑洞裡，蓋上另一半紗布，再輕輕倒入剩下的醃
   料，醃約10天即可食用。

Tips

1. 可以將雞蛋先放入冰箱冷藏半
   天，取出蛋黃時較不易破掉。

2. 蛋白也可用模子蒸熟後　再以味
   噌來醃，又是一道新料理。

3. 上面鋪蓋的味噌份量不要太
   多，大約半公分的厚度即可。

生鹹蛋

* * * * * * * * * * * * * * * * * *

材料：雞蛋6顆

醃料：水1200c.c.、鹽360克、米酒40c.c.

做法

1. 雞蛋先洗淨。

2. 將醃料放入鍋子中攪拌均勻，煮沸後
   置於一旁放涼。

3. 將放冷的醃料倒入高的玻璃容器中，
   放入雞蛋醃約20天～1個月即可。

我的天呀！連鹹蛋都可以自己做，
而且還是雞蛋不是鴨蛋喔！
拿來做菜一定很美味。

Tips

除了雞蛋以外，鴨蛋也可以一起放入醃漬。

好菜運用：p.91鹹蛋青菜肉片湯

材料：
鱈魚200克、鹽少許

醃料：
味噌300克、米酒30c.c.、
味醂30c.c.、糖少許

做法

1. 鱈魚先洗淨，以乾淨毛巾吸拭水分，然後在鱈魚的兩
   面撒上少許鹽，醃約30分鐘～1個小時，倒去腥水再以
   毛巾擦乾。

2. 將醃料放入鋼盆中攪拌均勻。

3. 取一乾淨的保鮮盒，先放入一半的醃料，舖上一張比
   保鮮盒大2倍的紗布，紗布只舖一半，另一半待會要回
   蓋在鱈魚上。

4. 放入鱈魚，蓋上另一半紗布，倒入剩下的醃料，醃約
   12個小時～1天，千萬不可放置1天以上。

5. 將醃好的鱈魚直接放入烤箱，以約150℃的溫度烤熟烤
   焦，吃的時候也可以擠上檸檬汁或搭配醋醃的醬菜，
   口味較清爽。

Tips

❶ 鱈魚可以一次醃好幾塊，也可以和味噌拌在一起放入保鮮袋，節省味噌的使用量。

❷ 醃好後可以用保鮮膜包好放入冰箱冷凍，食用前先取出退冰即可。

重口味的味噌搭配巨型鮮甜軟嫩的鮮貝，
一口一個剛剛好。

＊＊＊＊＊＊＊＊＊＊＊＊＊＊＊＊＊

味噌醃鮮貝

＊＊＊＊＊＊＊＊＊＊＊＊＊＊＊＊＊

材料：鮮貝6粒、鹽適量
醃料：味噌200克、米酒15c.c.、味醂15c.c.

做法

1. 鮮貝的兩面撒上少許鹽，醃約30分鐘，再以乾淨毛巾吸拭水分。

2. 將醃料放入鋼盆中攪拌均勻。

3. 取一乾淨的保鮮盒，先放入一半的醃料，鋪上一張比保鮮盒大2倍的紗布，紗布只鋪一半，
   另一半待會要回蓋在鮮貝上。

4. 放入鮮貝，蓋上另一半紗布，倒入剩下的醃料，醃約半天～1天即可。

5. 將醃好的鮮貝直接放入烤箱中，以約150℃的溫度烤熟烤焦，吃的時候也可以搭配蘿蔔泥。

Tips

❶ 利用味噌醃漬的食材，比較容易烤焦，所以不建議用太高溫去烤。

❷ 如果用木炭在下面烤，要注意食材和火的高度，不要放太低，以免食材烤焦了卻沒熟。

鹹魚

材料：青花魚1尾、鹽15克

做法

1. 青花魚洗淨，由背部剖開後再清洗內臟，將血塊洗淨。
2. 用布將青花魚擦乾，撒鹽充分抹勻魚身。
3. 以魚皮朝上，魚肉朝下的方式將魚放在烤網上，使魚的腥血繼續流出，醃約一個晚上。
4. 食用時，將魚放入烤箱中烤熟，或用不沾鍋以中小火慢慢煎熟即可。

好菜運用：p.83鹹魚炒飯

自己做的鹹魚鹹味可不輸人，
而且拿來炒飯最好吃，
大人小孩都喜歡。

小朋友最愛的雞腿肉別老是用炸的，
換個方法用醃的，
相信一樣好吃受歡迎。

Tips
也可以只用1/3量的味噌和雞腿，不過需先把雞腿和味噌拌在一起，
然後直接倒入保鮮袋醃2天就可以了。

* * * * * * * * * * * * * * * * *

味噌雞腿肉

* * * * * * * * * * * * * * * * *

材料：去骨雞腿肉1隻、鹽少許
醃料：紅味噌80克、一般味噌150
　　　克、米酒20c.c.、味酥
　　　20c.c.、糖少許

做法

1. 雞腿肉先洗淨，以乾淨毛巾吸拭水分後撒上少許鹽醃漬一下，
   醃約30分鐘，再以乾淨毛巾吸拭水分。

2. 將醃料放入鋼盆中攪拌均勻。

3. 取一乾淨的保鮮盒，先放入一半的醃料，舖上一張比保鮮盒大
   2倍的紗布，紗布只舖一半，另一半待會要回蓋在雞腿肉上。

4. 放入雞腿肉，蓋上另一半紗布，倒入剩下的醃料，醃約1天半
   ～2天即可。

5. 將醃好的雞腿直接放入烤箱，以約150℃的溫度烤熟即可，吃
   的時候也可以搭配洋蔥絲和蘿蔔泥。

❶ 五花肉可以一次多醃一點，再依每次的食用量以保鮮膜把薑和肉包起，放在冰箱冷凍保存。

❷ 梅花肉可以購買超市裡烤肉用的那種肉片。

❸ 鹹味美乃滋和我們一般吃的略帶甜味美乃滋不同，是屬於日式的，味道是鹹的，現在普通超市也都買得到了。

****

薑漬醃豬肉

****

材料：梅花肉（烤肉片）200克、薑50克、洋蔥適量

調味料：醬油少許

利用薑來醃豬肉最對味，
這樣一來，
豬肉的油膩味也可一掃而空。

做法

1. 梅花肉以乾淨毛巾吸拭血水。

2. 薑用磨泥器或不加水放入果汁機裡打成泥。

3. 把薑泥和梅花肉放入鋼盆中稍微拌勻，然後倒入保鮮盒中醃約1天。

4. 取一不沾鍋，倒入少許油，放入醃好的肉片去煎，以大火煎至肉表面略焦
   且熟，倒入少許醬油增加香味和鹹味。

5. 洋蔥切絲。

6. 食用時，可搭配生菜或洋蔥絲，再沾鹹味美乃滋一起吃。

做法

1. 五花肉先洗淨，再切成1.5公分厚的長條，以乾淨毛巾吸拭水分。
2. 取一鍋，放入花椒以小火炒香。
3. 八角用刀背拍一下，然後放入鋼盆，續入花椒、鹽和酒，再放入五花肉稍拌，放入保鮮袋密封醃約12個小時。
4. 將醃好的肉直接放入烤箱，以約180℃的溫度烤熟烤焦，吃的時候也可以搭配洋蔥絲或蒜苗片，或者沾蒜頭醋一起吃。

Tips

如果家中有喝不完的高粱酒，也可以取代米酒來使用，味道會更香。

好菜運用：p.87泡菜炒鹹豬肉

爸爸最愛吃的鹹豬肉哪裡買？不用去買啦！試試看自己動手做。

＊＊＊＊＊＊＊＊＊＊＊＊＊＊＊＊＊

鹹豬肉

＊＊＊＊＊＊＊＊＊＊＊＊＊＊＊＊＊

材料：
五花肉300克、鹽20～30克

醃料：
花椒少許、八角2顆、米酒50c.c.

靈活應用
醃漬篇

單吃醃漬好的小菜，久了是否覺得無味呢？
發揮你天馬行空的想像，
與其他食材相結合，進一步烹調出各種變化菜色，
紅糟豬肉、紅糟鰻魚、酒釀湯圓、鹹魚炒飯和豆腐乳炸雞塊等好菜馬上上桌囉！

做法

1. 蒜頭、辣椒切末。

2. 酸豆切細小狀粒。鍋燒熱,倒入少許油,放入絞肉炒香,續入蒜末、辣椒末、酸豆略炒幾下。

3. 倒入調味料炒勻即可。

Tips

❶ 如果你覺得不夠鹹,可自行加些鹽來調味。

❷ 酸豆在一般傳統菜市場就買得到。

材料參考:p.51醃酸豆

酸酸的豆子炒肉末,
是最好吃好做的夏日小菜之一。

＊＊＊＊＊＊＊＊＊＊＊＊＊＊＊

酸豆炒肉末

＊＊＊＊＊＊＊＊＊＊＊＊＊＊＊

材料:

酸豆200克、豬絞肉30克、蒜頭1顆、辣椒1支

調味料:

糖少許、胡椒粉少許、米酒5c.c.

酒釀除了吃甜的，也能拿來醃蘿蔔，
如此特別的吃法，
是這裡才有的喔！

* * * * * * * * * * * * * * * * * *

酒釀醃蘿蔔

* * * * * * * * * * * * * * * * * *

材料：
白蘿蔔600克、鹽10克

─────────────────

醃料：
酒釀300克、鹽25克

─────────────────

做法

1. 白蘿蔔洗淨後切成4個長條塊狀，放入容器中，倒入鹽醃漬，上面需放一個約2公斤的重物來壓，使多餘的水分被逼出，味噌才容易漬入，醃約一天一夜再將苦水倒出。
2. 將白蘿蔔放入洗衣機中脫乾水分，取出切成適當大小。
3. 將醃料放入鋼盆攪拌均勻。
4. 將白蘿蔔放入玻璃容器中，倒入拌好的醃料，用筷子攪動一下，使酒釀和白蘿蔔平均攤放，醃約3天即可食用。

Tips
白蘿蔔水分比較多，所以記得水分一定要擠乾，才不會影響到成品的味道，而且也可以保存久一些。

材料參考：p.37酒釀

* * * * * * * * * * * * * * * *

豆腐乳黃瓜＋豆腐乳

* * * * * * * * * * * * * * * * *

豆腐乳黃瓜
材料：小黃瓜200克、辣椒少許
調味料：鹽2.5克、豆腐乳醬汁75c.c.

豆腐乳
材料：曬好的硬豆腐600克、
豆粕300克、米酒300c.c.

豆腐乳黃瓜　做法
1. 小黃瓜先洗淨後放在砧板上，用刀背輕輕拍碎，再切4公分長段。
2. 小黃瓜放入容器中，倒入鹽醃漬去苦水，然後取出瀝乾。
3. 將小黃瓜放入鋼盆中，續入調味料稍微拌勻即可，吃時可加辣椒。

豆腐乳　做法
1. 平均撒上一層豆粕、一層硬豆腐在有蓋容器中，重複一層豆粕、一層硬豆腐的方式疊放至材料全部放入。
2. 倒入米酒。
3. 封住蓋子，放在陰涼處，約3個月即可。

Tips　硬豆腐可在豆腐店買，豆粕在迪化街買得到。

鹹蛋苦瓜這道家中餐桌上常見的菜餚，
是媽媽的拿手菜，自己做的鹹蛋，
讓這道菜更加不同！

* * * * * * * * * * * * * * * *

鹹蛋苦瓜

* * * * * * * * * * * * * * * *

材料：
苦瓜200克、熟鹹蛋1顆、蔥1支、辣
椒少許

做法

1. 蔥切段，辣椒切絲。
2. 苦瓜切對半，去掉籽和膜，切成易入口大小，放入滾水
   中汆燙一下，撈起瀝乾。
3. 鹹蛋用刀剁碎粒，鍋燒熱，倒入少許油，續入蔥段、辣
   椒炒香，再放入苦瓜、鹹蛋一起拌炒，炒至鹹蛋苦瓜完
   全均勻即可。

Tips
苦瓜去掉籽和膜，吃起來才不會有苦味。

做法

1. 小黃瓜切片，醋薑切小片。

2. 將小黃瓜、醋薑、白飯和鹽拌在一起，即成飯料。

3. 梅干取出籽後壓成泥。

4. 取適量飯料放在手上舖平，續入一些梅肉泥，將飯料
   包起成糰，再仔細捏成三角形。

5. 飯糰外沾些柴魚片即可，吃時還可搭配醋薑。

材料參考：p.22醃鹹梅干、p.23醃醋薑

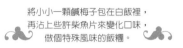

將小小一顆鹹梅子包在白飯裡，
再沾上些許柴魚片來變化口味，
做個特殊風味的飯糰。

✳ ✳ ✳ ✳ ✳ ✳ ✳ ✳ ✳ ✳ ✳ ✳ ✳

梅干飯糰

✳ ✳ ✳ ✳ ✳ ✳ ✳ ✳ ✳ ✳ ✳ ✳ ✳

材料：
鹹梅干2顆、白飯250克、小黃瓜50
克、柴魚片適量、醋薑30克

調味料：
鹽適量

醬筍蒸魚　做法

1. 鱸魚去掉鱗和內臟，再去掉中骨和頭尾，只留下魚肉。
2. 魚肉切成一刀斷一刀不斷，使中間可鑲東西。筍子切片，鑲入魚肉中間。
3. 將魚肉和筍排入盤中，淋上醬筍湯汁和香油，放入蒸籠中蒸約10分鐘。
4. 蔥和辣椒切絲。取出蒸好的魚肉，撒上蔥絲和蔥花、辣椒絲即可。

醬筍　做法

1. 麻筍削去外皮，切約3公分寬1公分厚大小的塊狀。
2. 撒些許鹽平均抹在筍子上。
3. 將剩餘的鹽、冰糖、豆粕拌在一起成拌料。
4. 將切好的筍塊先舖放一層在玻璃容器中，再平均撒上一層拌料，重複一層筍塊一層拌料的方式疊放至筍塊全部放入，倒入酒後密封起來，放置陰涼處2個月即可食用。

季節：冬末春初

柔嫩的魚肉吃起來味道清清淡淡，加上些醬筍下去蒸，頓時魚肉味道濃厚起來。

＊＊＊＊＊＊＊＊＊＊＊＊＊＊＊＊

醬筍蒸魚+醬筍

＊＊＊＊＊＊＊＊＊＊＊＊＊＊＊＊

醬筍蒸魚

材料：鱸魚1尾、醬筍適量、蔥適量、蔥花適量、辣椒適量
調味料：香油少許、醬筍湯汁適量

醬筍

材料：麻筍600克、鹽80克
拌料：冰糖30克、豆粕120克、米酒30c.c.

做法

1. 鱸魚去掉鱗和內臟後清洗乾淨。
2. 在魚的表面先畫幾刀紋路，使醬汁味道待會容易滲入。
3. 醬冬瓜剁成泥，蔥洗淨切段。
4. 將蔥排在盤子上，續放上鱸魚，淋上醬冬瓜泥，再滴上少許酒，放入蒸鍋中蒸約15分鐘至魚肉熟。
5. 將盤中的蔥取出，撒上蔥花，滴些香油即可。

材料參考：p.31醬冬瓜

鹹味道的醬冬瓜最襯白肉魚了，
蒸了後美味中和了，
吃來更過癮。

＊＊＊＊＊＊＊＊＊＊＊＊＊＊

醬冬瓜蒸魚

＊＊＊＊＊＊＊＊＊＊＊＊＊＊

材料：
鱸魚1尾、醬冬瓜70克、蔥1支、蔥花適量

調味料：
香油少許、米酒適量

泡菜的辣拌著章魚來吃，相當特殊的吃法，
愛美食的你絕不可錯過。

* * * * * * * * * * * * * * * * *

韓國蘿蔔泡菜拌章魚

* * * * * * * * * * * * * * * * *

材料：
韓國蘿蔔泡菜50克、熟章魚腳50克、
蔥5克、白芝麻少許、青蔥花5克

調味料：
香油少許

做法
1. 章魚腳切片，蔥切絲。
2. 將章魚腳、蘿蔔泡菜放入鋼盆中攪拌均勻，
　 然後放入碗中。
3. 淋上香油，撒上白芝麻、蔥絲和蔥花即可。

Tips
在做法1.中若覺得味道不夠鹹，可加入少許鹽。

材料參考：p.52韓國蘿蔔泡菜

****

紅糟醃鰻魚

****

材料：
市售處理好的鰻魚450克、鹽適量
（搓洗鰻魚用）、地瓜粉適量

醃料：
紅糟200克、鹽15克、糖10克

做法

1. 鰻魚先以適量的鹽搓洗，搓去外表的稠液，再以清水洗淨。

2. 鰻魚切成適當大小，擦拭外表的水分。

3. 將醃料放入鋼盆中攪拌均勻，續入鰻魚，使鰻魚充分沾裹到紅糟，再連同醃料放入保鮮盒中醃一天。

4. 取出醃好的鰻魚，去掉多餘的紅糟，再沾上地瓜粉，放入170℃的油鍋中炸至外表酥脆，魚肉熟透即可。

材料參考：p.90紅糟

做法

1. 將蛋打入碗中後稍微打散。
2. 鹹魚剝成小塊狀。
3. 鍋燒熱,倒入少許油,待油熱後倒入蛋液炒熟,
   續入鹹魚塊炒香。
4. 加入白飯、蔥,充分炒勻所有材料。
5. 撒上胡椒粉,滴入少許醬油炒勻即可。

材料參考:p.63鹹魚

單身貴族的你嫌做菜太累嗎?來盤鹹魚炒飯,
不需其他配菜,
一樣吃得津津有味。

✳ ✳ ✳ ✳ ✳ ✳ ✳ ✳ ✳ ✳ ✳ ✳ ✳ ✳ ✳

鹹魚炒飯

✳ ✳ ✳ ✳ ✳ ✳ ✳ ✳ ✳ ✳ ✳ ✳ ✳ ✳ ✳

材料:
鹹魚50克、白飯300克、蔥花50克、
蛋1顆

調味料:
醬油少許、胡椒粉少許

拿鳳梨醬來醃苦瓜、雞肉再煮成湯，
是最退火的湯品，
有料又有湯，一碗搞定。

＊＊＊＊＊＊＊＊＊＊＊＊＊＊＊＊＊

鳳梨苦瓜雞

＊＊＊＊＊＊＊＊＊＊＊＊＊＊＊＊＊

材料：
雞肉250克、苦瓜1/2條、醃鳳梨醬
80克、鹽少許、高湯1,200c.c.

做法
1. 雞肉先切塊，放入熱水中汆燙，然後撈起沖洗乾淨，瀝
   乾水分。
2. 苦瓜去籽和膜後切成易入口大小。
3. 鍋中倒入高湯，倒入醃鳳梨醬、雞肉和苦瓜，以大火煮
   沸，再轉小火煮約40分鐘，使醃鳳梨醬味滲入苦瓜和雞
   肉中。
4. 起鍋前再加入鹽調味即可。

材料參考：p.43醃鳳梨

＊＊＊＊＊＊＊＊＊＊＊＊＊＊＊＊

豆腐乳炸雞肉

＊＊＊＊＊＊＊＊＊＊＊＊＊＊＊＊

材料：
雞胸肉200克、豆腐乳3塊、鹽少
許、酒少許、麵粉適量

做法

1. 雞胸肉切成適當大小，豆腐乳壓成泥。
2. 將雞胸肉、豆腐乳泥放入鋼盆中攪拌均勻，續入鹽、
   酒，醃約30分鐘。
3. 將醃好的雞肉沾裹麵粉，放入約170℃的油鍋炸至外表酥
   脆且熟透即可。

Tips
這道菜也可以換成用雞腿或豬里肌來做，相同的做法還可以變化菜色。

材料參考：p.72豆腐乳

做法

1. 鹹豬肉切成易入口片狀，蔥切段，蒜頭切片，辣椒切斜段。
2. 鍋燒熱，倒入少許油，爆香蔥段、蒜片和辣椒段，續入肉片炒至熟且外表焦黃。
3. 加入泡菜炒勻即可。

材料參考：p.41台式泡菜、p.67鹹豬肉

光看菜名就知道一定很下飯，
沒錯，
但注意別一次吃太多喔！

＊＊＊＊＊＊＊＊＊＊＊＊＊＊＊＊

泡菜炒鹹豬肉

＊＊＊＊＊＊＊＊＊＊＊＊＊＊＊＊

材料：

台式泡菜150克、鹹豬肉100克、蔥1支、蒜頭2顆、辣椒少許

做法

1. 豬肉切片。

2. 將肉片先放入滾水中汆燙，再放入冰水中冰鎮。

3. 剝皮辣椒切成易入口大小，洋蔥切絲後沖冷水。

4. 將肉片、剝皮辣椒和洋蔥放入鋼盆中攪拌均勻，
再淋上剝皮辣椒醬汁即可。

Tips

洋蔥切絲後馬上沖冷水，可有效去除洋蔥的辛辣味。

材料參考：p.47剝皮辣椒

加上剝皮辣椒的涼拌豬肉味道更不同了，
是喜愛吃辣的人一定要試的好菜。

＊＊＊＊＊＊＊＊＊＊＊＊＊＊＊

剝皮辣椒涼拌豬肉

＊＊＊＊＊＊＊＊＊＊＊＊＊＊

材料：
豬肉100克、剝皮辣椒80克、洋蔥20
克、香菜適量

調味料：
剝皮辣椒醬汁適量

Tips

如果覺得用豬五花肉太油，也可以用雞胸肉來醃，味道也不錯。喜歡吃酸的，還可以擠上一點檸檬汁，搭配洋蔥絲來吃。

五花肉是老公的最愛，紅糟是我的最愛，
搭配起來大家都愛吃。

＊＊＊＊＊＊＊＊＊＊＊＊＊＊＊＊＊＊

紅糟五花肉＋紅糟

＊＊＊＊＊＊＊＊＊＊＊＊＊＊＊＊＊＊

材料：五花肉300克、地瓜粉適量
醃料：紅糟

做法
1. 將紅糟放入鋼盆中攪拌均勻。
2. 五花肉先洗淨，再切成1～2公分的厚度，以乾淨毛巾吸拭水分，再放入鋼盆中和紅糟拌在一起。
3. 將拌好的紅糟肉放入保鮮盒或以保鮮袋裝起來，醃約1天。
4. 食用時，沾上地瓜粉，放入約170℃的油鍋中炸熟，再取出切片即可。

紅糟

材料：圓糯米1200克、紅麴約80克、米酒1,200c.c.
做法：
1. 圓糯米先放入水中浸泡約1個小時。
2. 圓糯米、1,300c.c.杯水放入電子鍋中煮熟，撈起過冷開水再濾乾。
3. 將圓糯米、紅麴和米酒倒入容器中，蓋好封口，每天用乾淨的杓子上下拌一下，如發現酒已經乾了，需再加入米酒，酒需醃過糯米，約5～7天。
4. 製成後可放入冰箱保存，以便隨時取用。

Tips
❶ 若在冬天製作，製作時間需加長。
❷ 除了以電子鍋煮糯米外，也可以用蒸鍋將其蒸熟。若用蒸鍋蒸熟的方式做，可省去過冷開水再濾乾的步驟。

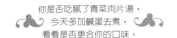

你是否吃膩了青菜肉片湯，
今天多加鹹蛋去煮，
看看是否更合你的口味。

* * * * * * * * * * * * * * *

鹹蛋青菜肉片湯

* * * * * * * * * * * * * * *

材料：
生鹹蛋2顆、豬肉100克、菠菜100
克、蔥2支、水1,000c.c.、高湯塊
1塊

調味料：
鹽適量、酒適量

做法
1. 豬肉切片，蔥切段，青菜洗淨切段。
2. 生鹹蛋敲開，將蛋黃和蛋白分開，蛋黃用刀拍扁再
   切成小塊。
3. 以1,000c.c.水加1塊雞高湯塊調成高湯。
4. 鍋中倒入高湯，放入肉片煮至沸，撈除湯面雜質，
   續入蔥、青菜和蛋黃煮熟，再倒入蛋白略煮一下。
5. 起鍋前再加入鹽、酒調味即可。

材料參考：p.59生鹹蛋

做法

1. 豬肉切絲,蒜頭切末,辣椒切絲。
2. 雪裡紅切末,擰乾水分。
3. 將豬肉絲放入滾水中氽燙後撈起。
4. 鍋燒熱,倒入少許油,放入蒜末、辣椒絲炒香,
   續入豬肉絲略炒,再入雪裡紅一起拌炒。
5. 起鍋前再加入鹽,撒些胡椒粉即可。

材料參考:p.50雪裡紅

翠綠的雪裡紅中放入豬肉絲炒,
再加入點點辣椒末,
光用眼睛看就覺得好吃。

＊＊＊＊＊＊＊＊＊＊＊＊＊＊

雪裡紅炒肉絲

＊＊＊＊＊＊＊＊＊＊＊＊＊＊

材料:
雪裡紅100克、豬肉60克、蒜頭1顆、
辣椒1支

調味料:
鹽2.5克、胡椒粉少許

＊＊＊＊＊＊＊＊＊＊＊＊＊＊＊＊＊

梅酒

＊＊＊＊＊＊＊＊＊＊＊＊＊＊＊＊＊

材料：
青梅6,000克、冰糖1,800克、米酒
3,600c.c.（約6瓶）

做法

1. 青梅洗淨，用牙籤去掉蒂頭的部分。

2. 將青梅置於室內使其自然乾。

3. 待青梅表面水分完全乾掉，將全部青梅放入容器中。

4. 倒入米酒，酒需醃過青梅，然後密封約6個月。

5. 冰糖在前3個月內，每次600克分3次加入即可。

Tips
製作梅酒最好是選擇透明有蓋的玻璃器皿，較能注意到製作的過程。

梅酒做的果凍可不是每個人都能大量吃，
不勝酒力的人，
當心吃完馬上醉了。

* * * * * * * * * * * * * * * * *

梅酒涼涼凍

* * * * * * * * * * * * * * * * *

材料：
梅酒800c.c.、洋菜粉5克

做法
1. 將梅酒倒入鍋中。
2. 以小火慢慢加溫，待溫度升至60～70℃時加入洋菜粉。
3. 慢慢攪拌梅酒、洋菜粉，使洋菜粉完全溶解。
4. 將攪拌好的酒倒入杯子或容器中，等凝固並冷卻後再送入冰箱冷藏即可。

材料參考：p.94梅酒

做法

1. 將冰塊放入杯子中。

2. 倒入梅酒。

3. 依自己的喜好加入適量汽水。

材料參考：p.94梅酒

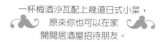

一杯梅酒沙瓦配上幾道日式小菜，
原來你也可以在家
開間居酒屋招待朋友。

＊＊＊＊＊＊＊＊＊＊＊＊＊＊＊＊＊＊

梅酒沙瓦

＊＊＊＊＊＊＊＊＊＊＊＊＊＊＊＊＊＊

材料：
梅酒200c.c.、七喜汽水200c.c.、
冰塊4～5塊

做法
1. 將李子酒倒入鍋中。
2. 以小火慢慢加溫，待溫度升至60～70℃時加入洋菜粉。
3. 慢慢攪拌李子酒、洋菜粉，使洋菜粉完全溶解。
4. 將攪拌好的酒倒入杯子或容器中，等凝固並冷卻後再送入冰箱冷藏即可。

Tips
李子酒如果煮太久，會使酒精蒸發掉，所以切勿將李子酒煮沸。

材料參考：p.29李子酒

李子酒做成的果凍你一定很少吃到，
這種特別的果凍，
你只要吃了一次一定永遠難忘。

＊＊＊＊＊＊＊＊＊＊＊＊＊＊＊＊＊

李子酒QQ凍

＊＊＊＊＊＊＊＊＊＊＊＊＊＊＊＊＊

材料：
李子酒800c.c.、洋菜粉5克

漫漫長夜裡，看著滿天星星，
再來杯李子酒沙瓦，
真是快樂的時刻。

* * * * * * * * * * * * * * * * * *

李子酒沙瓦

* * * * * * * * * * * * * * * * *

材料：
李子酒200c.c.、七喜汽水200c.c.、
冰塊4～5塊

做法
1. 將冰塊放入杯子中。
2. 倒入李子酒。
3. 依自己的喜好加入適量汽水。

材料參考：p.29李子酒

做法

1. 情人果先切成小塊。

2. 將冰塊放入果汁機中，倒入情人果醬汁，打成冰砂。

3. 將情人果放入冰砂中稍微攪拌即可。

Tips

情人果也可以直接放入果汁機中一起攪打，可以控制
自己喜歡的顆粒大小，吃起來另有不同風味。

材料參考：p.27情人果

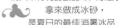

情人果特有的酸甜味大家都喜歡，
拿來做成冰砂，
是夏日的最佳消暑冰品。

＊＊＊＊＊＊＊＊＊＊＊＊＊＊＊＊＊

情人果冰砂

＊＊＊＊＊＊＊＊＊＊＊＊＊＊＊＊＊

材料：
情人果100克、情人果醬汁適量、
冰塊200克

做法
1. 青梅洗淨,用牙籤去掉蒂頭的部分。
2. 將青梅全放入一個可密封的容器中,使其外表轉變成黃色。
3. 將青梅、麥芽和陳年醋放入一個可密封的容器中,密封起來,放在陰涼處約6個月即可。

多喝醋不僅對身體好,
而且梅子醋還可以吃得到當中的梅子味,
一舉兩得!

* * * * * * * * * * * * * * * * * * *

梅醋

* * * * * * * * * * * * * * * * * * *

材料:
青梅6,000克、麥芽糖3,000克、
陳年醋6,000c.c.

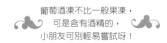

葡萄酒凍不比一般果凍，
可是含有酒精的，
小朋友可別輕易嘗試呀！

＊＊＊＊＊＊＊＊＊＊＊＊＊＊＊＊＊

葡萄酒爽爽凍

＊＊＊＊＊＊＊＊＊＊＊＊＊＊＊＊＊

材料：
葡萄酒800c.c.、洋菜粉5克

做法

1. 將葡萄酒倒入鍋中。

2. 以小火慢慢加溫，待溫度升至60～70℃時加入洋菜粉。

3. 慢慢攪拌葡萄酒、洋菜粉，使洋菜粉完全溶解。

4. 將攪拌好的酒倒入杯子或容器中，等凝固並冷卻後再送入冰箱冷藏即可。

材料參考：p.35葡萄酒

做法

1. 鍋中倒入水煮滾。

2. 倒入酒釀，再改小火煮一下。

3. 將蛋打入碗中稍微打散。

4. 將蛋液倒入鍋中，以小火稍煮一下即可。

Tips

蛋的熟度可依個人喜好而變，也可以不將蛋打散，
直接將整顆蛋打入鍋中煮。

材料參考：p.37酒釀

酒釀蛋是道很補的甜點，
是冬天最適合吃的甜點之一。

＊＊＊＊＊＊＊＊＊＊＊＊＊＊＊＊＊＊＊

酒釀蛋

＊＊＊＊＊＊＊＊＊＊＊＊＊＊＊＊＊＊

材料：
蛋1顆、酒釀30克、水200c.c.

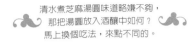

清水煮芝麻湯圓味道略嫌不夠，
那把湯圓放入酒釀中如何？
馬上換個吃法，來點不同的。

＊＊＊＊＊＊＊＊＊＊＊＊＊＊＊＊

酒釀湯圓

＊＊＊＊＊＊＊＊＊＊＊＊＊＊＊＊

材料：
酒釀45克、市售冷凍芝麻湯圓3顆、
水300c.c.

調味料：
糖適量

做法
1. 鍋中倒入水煮滾。
2. 倒入酒釀、湯圓，再改小火慢慢煮至湯圓熟。
3. 加入糖調味即可。

Tips
酒釀裡含有酒精，吃起來溫溫熱熱，最適合在冬天吃，可補身。
另外，可依個人口味添加適量的糖，也可以改加入其他像花生湯圓等甜口味的湯圓一起吃。

材料參考：p.37酒釀

Plus
美味倍增
一天內可食醃漬篇

一年四季都很常見的蔬菜食材，只要醃漬 1 小時～ 1 天，
做法簡單，新手也能立即學會，
全家馬上就能食用的日式健康風味醃漬小菜。

Tips
白花菜因為體積的關係，所以在做法4.中會先放入夾鏈袋中，擠一下去掉多餘的空氣，再放入冰箱醃漬，這樣白花菜才能醃漬入味。

咖哩是最受大眾歡迎的調味，
但這道咖哩風味醋漬小菜
是你難以想像的絕佳美味。

* * * * * * * * * * * * * * * * * * *

咖哩風醋漬白花菜

* * * * * * * * * * * * * * * * * * *

材料：
白花菜200克、洋蔥40克、
胡蘿蔔30克

醃料：
蒜末5克、咖哩粉20克、鹽8克、
白酒80c.c.、檸檬汁50c.c.、
純米醋10c.c.、橄欖油 50c.c.

做法

1. 白花菜切成適當的大小，洗淨後放入沸水中汆燙5分鐘。

2. 洋蔥洗淨，去掉外皮後切成長條；胡蘿蔔洗淨，削除外皮後切成1.5公分寬長條。

3. 將醃料倒入碗中攪拌均勻。

4. 將白花菜、洋蔥和胡蘿蔔放入醃料，整個倒入夾鏈袋中，稍微擠一下，把空氣擠出來，再移入冰箱冷藏，醃漬半天至入味即可。

微甜的南瓜搭配日式醃料，
是只有自己在家做，
才能親嚐的特殊口味。

＊＊＊＊＊＊＊＊＊＊＊＊＊＊＊＊

油醋漬栗子南瓜秋葵

＊＊＊＊＊＊＊＊＊＊＊＊＊＊＊＊

材料：
栗子南瓜300克、秋葵200克、
鹽10克

醃料：
純米醋50c.c.、醬油50c.c.、清
酒50c.c.、味醂50c.c.、橄欖油
40c.c.、蒜泥適量、薑泥適量、
黑胡椒末適量

做法

1. 南瓜洗淨後切小塊。
2. 將南瓜放入170℃的油鍋中，炸約5分鐘，撈出瀝乾油分。
3. 先用10克鹽搓揉秋葵表面，去掉秋葵的細毛絨，洗淨。
4. 準備一鍋沸水，放入秋葵汆燙2分鐘，再撈出泡冰水冰鎮，撈出瀝乾水分。
5. 將醃料倒入碗中攪拌均勻。
6. 將南瓜、秋葵放入醃料中，移入冰箱冷藏，醃漬一晚至入味即可。

Tips
❶ 栗子南瓜的口感較為鬆軟。
❷ 也可以用地瓜、山藥製作。
❸ 170℃的油鍋判斷方式：可在加熱的油鍋中垂直放入一根木筷子，而油鍋會立刻冒出油泡。

低熱量的烤蘑菇，加上純淨的橄欖油，
是一道無負擔的健康小菜，
特別推薦給喜愛窈窕，
又想維持身材的你。

* * * * * * * * * * * * * * * * *

油漬烤蘑菇

* * * * * * * * * * * * * * * *

材料：蘑菇300克、橄欖油30c.c.、鹽10克
醃料：蒜末5克、蔥末20克、巴西里末30克、檸檬汁30c.c.、
　　　淡色醬油15c.c.、橄欖油80c.c.、鹽適量、胡椒適量

做法

1. 蘑菇先用紙巾擦拭，放入容器中，拌入30c.c.橄欖油、鹽，稍微
   拌一下。
2. 將拌好的蘑菇放入已預熱好的烤箱中，以大約250℃烤10分鐘。
3. 將蒜末、蔥末和巴西里末放入碗中，加入檸檬汁、淡色醬油、
   鹽、胡椒和橄欖油攪拌均勻，即成醃料。
4. 將烤好的蘑菇拌入醃料中，醃漬2小時至入味即可。

Tips
各種菇，像香菇、鴻喜菇、杏鮑菇等，都能單獨，或者混合搭配來製作這道
料理，你可以用相同的做法操作。如果家中沒有烤箱，可改用平底鍋煎。

七味粉油漬毛豆莢

材料：毛豆莢300克、鹽45克
醃料：七味粉15克、鹽20克、葵花籽油30c.c.、蒜末15克

做法

1. 先取30克鹽搓揉毛豆莢表面，去掉毛豆莢的細毛絨。
2. 準備適量的水，加入15克鹽，放入毛豆莢開始煮，等水煮沸後改中火煮約8分鐘。
3. 撈出毛豆莢，瀝乾水分，放在篩網上，均勻地撒上20克鹽，用電風扇吹涼。
4. 將毛豆莢放入容器中，加入七味粉、葵花籽油和蒜末攪拌均勻，放入冰箱冷藏，鹽漬半天至入味即可。

Tips

❶ 汆燙毛豆莢時，熱水中可以加入些許鹽，使毛豆莢更容易入味。
❷ 可依個人的喜好斟酌汆燙毛豆莢的時間，久一點的話，毛豆莢的口感會更鬆軟。

除了常吃的黑胡椒口味，試試七味粉風味的毛豆莢，品嘗正宗的和風下酒菜。

做法

1. 小蕃茄去蒂頭後洗淨，瀝乾水分，放入
   容器中。
2. 拌入義式香料粉、5克鹽和30c.c.橄欖
   油，放入已預熱好的烤箱中，以大約
   250℃烤30分鐘，取出放涼。
3. 將醃料倒入碗中攪拌均勻。
4. 將烤好的小蕃茄放入醃料中，放在常溫
   下，或者冰箱中冷藏，醃漬半天至入味
   即可。

Tips

這裡也可使用較大的蕃茄來製作。先把大蕃茄切
成適當的大小，然後撒上義式香料粉、鹽和橄欖
油再去烤。

不讓西式的油漬蕃茄專美於前，
這道和風油醋漬烤蕃茄，
讓你讚不絕口。

* * * * * * * * * * * * * * * *

油醋漬烤蕃茄

* * * * * * * * * * * * * * * *

材料：
小蕃茄300克

調味料：
義式香料粉適量、鹽5克、
橄欖油30c.c.

醃料：
純米醋100c.c.、醬油10c.c.
橄欖油60c.c.、二號砂糖40克
鹽5克、黑胡椒末適量

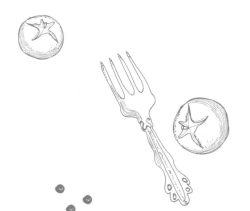

做法

1. 櫛瓜洗淨，用紙巾擦拭水分，去掉蒂頭後切1.5公分厚片。乾辣椒切小段。

2. 將櫛瓜沾上薄薄一層麵粉，放入170℃的油鍋中，炸至外皮酥脆，撈出瀝乾油分。

3. 鍋燒熱，倒入橄欖油，放入蒜片、乾辣椒以小火爆香，再加入清酒、醬油、巴薩米可醋煮沸，即成醃料，起鍋。

4. 將櫛瓜放入醃料中醃漬，等涼後放入冰箱冷藏，醃漬半大至入味即可。

Tips

❶ 櫛瓜先沾一層粉後再油炸，可使之後的醃漬更易入味。不過沾粉時要注意，不要沾太厚太多，否則會影響口感。

❷ 這裡也可以使用朝鮮薊製作。

❸ 170℃的油鍋的判斷方式：可在加熱的油鍋中垂直放入一根木筷子，而油鍋會立刻冒出油泡。

清脆口感的櫛瓜是西式料理的最愛！
搭配日式調味料，
讓你品嘗不同的新風味。

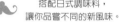

＊＊＊＊＊＊＊＊＊＊＊＊＊＊

醬油醋漬炸櫛瓜

＊＊＊＊＊＊＊＊＊＊＊＊＊＊

材料：
櫛瓜300克、麵粉適量、炸油適量

醃料：
蒜片適量、乾辣椒適量、橄欖油50c.c.、清酒40c.c、醬油40c.c.巴薩米可醋（Balsamic）100c.c.

* * * * * * * * * * * * * * *

黃芥末醬油漬素揚茄子

* * * * * * * * * * * * * * *

材料：
茄子200克

醃料：
黃芥末10克、二號砂糖8克
蒜泥適量、純米醋40c.c.
醬油35c.c.、橄欖油40c.c.

做法

1. 茄子洗淨，用紙巾擦拭水分，切成3公分的長段。
2. 將茄子放入170℃的油鍋中，炸3～4分鐘，撈出瀝乾
   油分。
3. 將醃料倒入碗中攪拌均勻。
4. 將茄子放入醃料中，放涼後移入冰箱冷藏，醃漬半
   天至入味即可。

Tips

❶ 醃料中的黃芥末，可以使用黃芥末粉或黃芥末醬。
❷ 日本料理中的素揚（日文為素揚げ），通常是指食材不沾裹任何
   東西，直接放入油鍋中炸的烹調方法。
❸ 這道菜台灣長茄子與日本圓茄子都可使用。它的差別在於口感，
   長茄子比較軟，圓茄子則纖維較粗，口感較硬，類似櫛瓜。

綠蘆筍與西芹的絕妙搭配，
經過醃料的畫龍點睛，
是喜歡清脆口感的人不可錯過的好口味。

* * * * * * * * * * * * * * * * *

油醋漬烤蘆筍西芹

* * * * * * * * * * * * * * * * *

材料：
綠蘆筍150克、西芹100克

醃料：
蒜片10克、辣椒段30克、純米醋
80c.c.、醬油30c.c.、味醂40c.c.
橄欖油40c.c.、鹽適量

做法

1. 綠蘆筍洗淨，去掉根部的老皮；西芹洗淨，
   去掉外皮，兩種食材都用炭火烤熟。
2. 綠蘆筍切成5公分的長段，西芹也切成相同的
   長度。
3. 將醃料倒入碗中攪拌均勻。
4. 將綠蘆筍、西芹放入醃料中，移入冰箱冷
   藏，醃漬一晚至入味即可。

Tips
❶ 如果沒有炭火時，
   綠蘆筍、西芹可以
   先用沸水汆燙4分
   鐘，然後撈出放入
   醃料中醃漬。
❷ 剛烤好的食材直接
   放入醃料中醃漬，
   比較容易入味。

做法

1. 黃椒、紅椒和青椒對半剖開，去掉種籽和蒂頭，用炭火燒烤至變軟。
2. 乾辣椒剪成小段。
3. 用小火將蒜片、乾辣椒和橄欖油爆香，放涼，加入純米醋、鹽、胡椒和乾燥羅勒粉、醬油，用湯匙拌勻成醃料。
4. 將烤好的黃椒、紅椒和青椒切成適當的大小，放入拌勻的醃料中，醃漬約1小時即可。

Tips
如果沒有炭火的話，也可先把彩椒切成適當的大小，然後放入鍋中，利用爆香蒜片後的油以中火煎。

彩椒經過炭烤後釋出的甜味、柔嫩的口感。
日式搭配西式的新吃法，
令人回味再三！

＊＊＊＊＊＊＊＊＊＊＊＊＊＊＊＊

油醋漬炭烤彩椒

＊＊＊＊＊＊＊＊＊＊＊＊＊＊＊＊

材料：
黃椒1個、紅椒1個、青椒1個

醃料：
蒜片10克、乾辣椒2支、橄欖油50c.c.、純米醋200c.c.、醬油15c.c.、鹽8克、胡椒適量、乾燥羅勒粉適量

傳統風味的日式醋漬小菜，
媽媽的拿手好菜，
吃得出的家庭味。

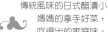

* * * * * * * * * * * * * * *

柚子醬油醋漬黃瓜昆布

* * * * * * * * * * * * * * *

材料：
黃瓜300克、鹽10克、昆布50克
柚子皮10克、乾辣椒1支

醃料：
醬油50c.c.、純米醋120c.c.
味醂30c.c.、橄欖油50c.c.

做法

1. 黃瓜洗淨，用紙巾擦拭水分，切成5公分的長段，輕輕地用刀背拍打一下，放入容器中，撒入10克鹽醃漬去苦水。
2. 昆布泡水變軟，切約5×1公分長的片狀。
3. 柚子刮下黃色柚子皮的部分，切絲（白白那層會苦，不要刮到）。
4. 乾辣椒剪成小段。
5. 將醃料倒入碗中攪拌均勻。
6. 將昆布、柚子皮和黃瓜、乾辣椒放入醃料中，放入冰箱冷藏，醃漬1天至入味即可。

Tips
平日買不到柚子皮時，可以用黃色檸檬皮製作。

索引 index

以下將書中的料理以食材種類區分，製作分類索引，方便讀者迅速找到想做的菜。
有些料理會有兩個以上的主要食材，所以會分別出現在兩個食材分類中。

【芥菜】
台式醃菜心14

【大頭菜】
香辣大頭菜15
醬油漬大頭菜19

【蒜頭】
醃蒜頭16

【洋蔥】
糖醋漬洋蔥17

【薑】
醃醋薑23
豆腐乳醬汁醃嫩薑24
醬油醃嫩薑25
薑漬醃豬肉65

【冬瓜】
醬冬瓜31
醬冬瓜蒸魚79

【白蘿蔔】
味噌醃白蘿蔔32
台灣啤酒醃蘿蔔33
白蘿蔔泡菜36
柴魚風味醬菜38
昆布風味醬菜39
優格味噌醬菜44
韓國蘿蔔泡菜52
韓國白菜泡菜53
酒釀醃蘿蔔71
韓國蘿蔔泡菜拌章魚80

【胡蘿蔔】
柴魚風味醬菜38
昆布風味醬菜39
台式泡菜41
韓國蘿蔔泡菜52
韓國白菜泡菜53
酒釀醃蘿蔔71
泡菜炒鹹豬肉87

【黃瓜】
柴魚風味醬菜38
昆布風味醬菜39
優格味噌醬菜44
豆腐乳黃瓜72
柚子醬油醋漬黃瓜昆布121

【西芹】
優格味噌醬菜44
油醋漬烤蘆筍西芹117

【苦瓜】
蜂蜜漬苦瓜45
鹹蛋苦瓜73

【辣椒】
剝皮辣椒47
剝皮辣椒涼拌豬肉89

【蔥頭】
醋漬紅蔥頭48
醬油醋漬紅蔥頭49

【筍子】
醬筍77
醬筍蒸魚77

【栗子】
油醋漬栗子南瓜秋葵109

【南瓜】
油醋漬栗子南瓜秋葵109

【秋葵】
油醋漬栗子南瓜秋葵109

【蕃茄】
油醋漬烤蕃茄113

【櫛瓜】
醬油醋漬炸櫛瓜115

【茄子】
黃芥末醬油漬炸茄子116

【蘆筍】
油醋漬烤蘆筍西芹117

【彩椒】
油醋漬炭烤彩椒119

【高麗菜】
台式泡菜41
泡菜炒鹹豬肉87

【花椰菜】
醋漬花椰菜42
咖哩風醋漬白花菜108

【小芥菜】
雪裡紅50
雪裡紅炒肉絲93

【白菜】
韓國白菜泡菜53
醃白菜昆布55

【菠菜】
鹹蛋青菜肉片湯91

【酸豆】
醃酸豆51
酸豆炒肉末70

【毛豆】
七味粉油漬毛豆莢111

【蘑菇】
油漬烤蘑菇110

【豆腐】
味噌醃豆腐57
豆腐乳黃瓜72
豆腐乳72
豆腐乳炸雞肉85

【蛋】
味噌醃蛋黃58
生鹹蛋59
鹹蛋苦瓜73
鹹蛋青菜肉片湯91
酒釀蛋105

【梅子】
醃脆梅21
醃鹹梅干22
梅干飯糰75
梅酒94
梅酒涼涼凍95
梅酒沙瓦97
梅醋102

【芒果】
情人果27
情人果冰砂101

【李子】
李子酒29
李子酒QQ凍98
李子酒沙瓦99

【葡萄】
葡萄酒35
葡萄酒爽爽凍103

【鳳梨】
醃鳳梨43
鳳梨苦瓜雞84

【雞肉】
味噌雞腿肉64
鳳梨苦瓜雞84
豆腐乳炸雞肉85

【豬肉】
薑漬醃豬肉65
鹹豬肉67

酸豆炒肉末70
泡菜炒鹹豬肉87
剝皮辣椒涼拌豬肉89
紅糟五花肉90
鹹蛋青菜肉片湯91
雪裡紅炒肉絲93

【魚和海鮮】
味噌醃鱈魚61
味噌醃鮮貝62
鹹魚63
醬筍蒸魚77
醬冬瓜蒸魚79
韓國蘿蔔泡菜拌章魚80
紅糟醃鰻魚81
鹹魚炒飯83

【其他】
酒釀37
味噌醃起司56
紅糟醃鰻魚81
紅糟90
紅糟五花肉90
酒釀蛋105
酒釀湯圓105

國家圖書館出版品預行編目資料

自己動手醃東西（精美復刻＋加料升級版）：365天醃菜、釀酒、做蜜餞／蔡　成著 -- 初版 .-- 台北市：朱雀文化，2016.05

面；公分 --（Cook50；151）

ISBN 978-986-92513-8-9(平裝)

1. 食譜

427.75

自己動手醃東西
精美復刻＋加料升級版

365 天醃菜、釀酒、做蜜餞

COOK50151

作者■蔡全成　攝影■徐博宇、林宗億　編輯■彭文怡　美術編輯■鄧宜琨　校對■連玉瑩

行銷企劃■石欣平　企畫統籌■李橘　發行人■莫少閒　出版者■朱雀文化事業有限公司

地址■台北市基隆路二段 13-1 號 3 樓　電話■ (02)2345-3868　傳真■ (02)2345-3828

劃撥帳號■ 19234566 朱雀文化事業有限公司　e-mail ■ redbook@ms26.hinet.net

網址■ http://redbook.com.tw　總經銷■大和書報圖書股份有限公司 (02)8990-2588

ISBN ■ 978-986-92513-8-9　初版一刷■ 2016.05

定價■ 320 元　出版登記■北市業字第 1403 號

About 買書：

●朱雀文化圖書在北中南各書店及誠品、金石堂、何嘉仁等連鎖書店，以及博客來、讀冊、PC HOME 等網路書店均有販售，如欲購買本公司圖書，建議你直接詢問書店店員，或上網採購。如果書店已售完，請電洽本公司。

●●至朱雀文化網站購書（ h t t p : / / redbook.com.tw），可享 85 ～ 9 折起優惠。

●●●至郵局劃撥（戶名：朱雀文化事業有限公司，帳號 19234566），掛號寄書不加郵資，4 本以下無折扣，5 ～ 9 本 95 折，10 本以上 9 折優惠。